国家林业局职业教育"十三五"规划教材

PhotoShop 项目式教程

黄立靖　杨自绍　编

中国林业出版社

图书在版编目（CIP）数据

PhotoShop 项目式教程 / 黄立靖，杨自绍编. —北京：中国林业出版社，2018.3
国家林业局职业教育"十三五"规划教材
ISBN 978-7-5038-9423-7

Ⅰ．①P…　Ⅱ．①黄…②杨…　Ⅲ．①图象处理软件 – 高等职业教育 – 教材
Ⅳ．①TP391. 413

中国版本图书馆 CIP 数据核字（2018）第 024048 号

国家林业局生态文明教材及林业高校教材建设项目

中国林业出版社·教育出版分社

策划编辑：吴　卉　肖基浒
责任编辑：吴　卉　高兴荣
电话/传真：（010）83143611/83143516

出版发行　中国林业出版社（100009　北京市西城区德内大街刘海胡同 7 号）
　　　　　E-mail：jiaocaipublic@163. com
　　　　　电话：（010）83143500
　　　　　http：//lycb. forestry. gov. cn
经　销　新华书店
印　刷　固安县京平诚乾印刷有限公司
版　次　2018 年 3 月第 1 版
印　次　2018 年 3 月第 1 次印刷
开　本　787mm×1092mm　1/16
印　张　7. 75
字　数　185 千字
定　价　38. 00 元

前言

　　PhotoShop 是目前全球应用最广泛的图像处理和编辑软件之一。适用于平面艺术设计、平面广告设计、商业制作与设计、网页设计、建筑效果图制作、动漫设计等领域。在种类繁多的计算机图像处理软件中，PhotoShop 以其强大的图像处理功能及卓越的性能越来越受到广大图像处理与设计人员的青睐。

　　2016 年 11 月，Adobe 公司顺应计算机图像处理技术发展的需要再次升级了产品线，命名为 PhotoShop CC 2017，其不但具有 PhotoShop CS6 所有功能，而且相比后者，其功能更强大、操作更便捷、外观更简洁，例如，更强大的抠图和液化功能、更高效的抽出抠图功能 (如抠各种毛发)、面部感知液化、智能识别、左右眼一起调节等，具体内容详见该版本的功能介绍。

　　本书根据多年的教学实践经验编写而成，以项目式教程的形式展开，各项目都配有许多精美图例。通过详尽的案例，将 PhotoShop 软件中工具的使用、文字的编辑、路径的建立与图层、通道和蒙版的使用、滤镜的应用等融入到项目中，同时兼顾讲解工具的使用技巧等。

　　在编写过程中，部分案例、方法等来源于网络交流，在此感谢网络作者。同时感谢福建林业职业技术学院艺术设计系广告 1518 班、1519 班的所有同学对本教材编写的支持。因时间仓促，水平有限，书中错误与不足之处在所难免，恳请读者批评指正。

编　者

2017 年 10 月

目录

项目一 我眼中的 PHOTOSHOP

一、简要介绍

Adobe Photoshop，简称"PS"，是由 Adobe Systems 开发和发行的图像处理软件。Photoshop 主要处理以像素所构成的数字图像。使用其众多的编辑与绘图工具，可以有效地进行图片编辑工作。PS 包含众多功能，在图像、图形、文字、视频、出版等方面都有涉及。2003 年，Adobe Photoshop 8 被更名为 Adobe Photoshop CS。2013 年 7 月，Adobe 公司推出最新版本的 Photoshop CC，自此，Photoshop CS6 作为 Adobe CS 系列的最后一个版本被新的 CC 系列取代。Adobe 支持 Windows 操作系统、安卓系统与 Mac OS，而 Linux 操作系统用户可以通过使用 Wine 来运行 Photoshop。

目前市场最新版为 Adobe Photoshop CC 2017。

二、看看它的强大

示例：电影《阿凡达》中国 PS 制作的场景——张家界(图 1-1)；网络上流行的 PS 图片(图 1-2)；用 PS 软件编辑的人物图片(图 1-3，图 1-4)；PS 照片制作前后对比效果(图 1-5)。

图 1-1a　　　　　　　　　　　　　　　　　图 1-1b

图 1-2a　　　　　　　　　　　　　　　　　图 1-2b

图 1-3a   图 1-3b

图 1-4a   图 1-4b

图 1-5a   图 1-5b

三、我们用 Photoshop 做什么？

　　Photoshop 是当前使用人数最多的设计软件，由 Adobe 公司开发和升级，目前最新的版本是 Photoshop CC 2017。Photoshop 主要用于二维图像的设计制作，几乎所有与计算机图像相关的设计项目，Photoshop 都是必备的设计制作软件。以下列举一些例子：

　　①平面设计类专业　设计者用 Photoshop 进行海报、包装、型录等设计（图 1-6）。

图 1-6

　　②环境艺术设计类专业　设计者用 Photoshop 绘制计算机三维效果图在制作过程中所需的贴图；进行计算机三维效果图的后期调整、修改；直接进行效果图的绘制等。

　　③动漫类专业　用 Photoshop 绘制动漫作品，制作二维动画所需要的素材。

　　④影像类专业　用 Photoshop 调整照片，或对图像进行抠图、合成。

　　综上所述，我们可以看到，Photoshop 的应用领域几乎包括了艺术设计类所有的专业，因此，Photoshop 是艺术设计师必须掌握的软件之一。

项目二　PHOTOSHOP 美化图形

一、传说中的 P 图

P 图，是现在网络上"用 Photoshop 来修改图像"的简称，怎样用 Photoshop 制作完美的人像照片，将是本章所探讨的问题。关于"完美"一词，不同的人有不同的诠释，所以本章以商业人像照片的后期调整为例，讲解人像 P 图的基本技巧。先了解 Photoshop 所支持的图像格式。点击"文件类型"右边的"所有格式"，在弹出的下拉列表中，出现若干种图像格式，其中平面设计常用的图像格式有 PSD、JPG、BMP、GIF、TIF、PNG 等。下面进行简单地介绍。

PSD　是 Photoshop 自带的一种图像格式，其可以完整保存 Photoshop 的图层、通道等信息，是平面设计中最常用格式。

JPG　是目前网络上最流行的一种图片格式，之所以能够流行，因为其是一种压缩格式，可以将图片压缩至较小的文件量，但图片的色彩在压缩的过程中会有损失，所以这种格式不利于印刷。

BMP　是一种质量中等的位图格式，在早期的 WINDOWS 操作系统中，BMP 格式要比 JPG 格式的兼容性优越。

GIF　此格式可以包含多张图片组成的动画，但其色彩最多只能由 256 种颜色构成，所以文件量较小，适用于网络传播，目前常用于小动画的制作。当用 Photoshop 打开时，如果包含动画，则只显示动画的第一帧，在编辑修改后保存，也只保存这第一帧，其余帧会被删除掉。所以，一般只用 Photoshop 制作单帧的 GIF 图像，如果要做动画，再用其他动画软件将多张 GIF 组合成动画。

TIF　是印刷业中使用较多的一种格式，其兼容性较好，同时图像精细度高，便于印刷制作成品。

PNG　是一种可以保存透明区域的图片格式，此格式也被网络浏览器支持，所以用途较广泛。

首先，打开一张普通的人像照片，照片要求足够清晰，而且要有足够多的缺陷，以利于涉及各种 P 图工具的用法。点击"文件"菜单，选择"打开"命令，弹出"打开文件"窗口。找到所要 P 的人像图片，开始进行人像 P 图的过程。先找到要该图的缺陷：如有一张图暗部层次体现不够，很多暗部细节没有出来；或是从人物的美观角度出发，如人物的肤色不好，偏暗、偏黄、脸型需要修整，皮肤也要修整等，就需要分步骤地进行修整。

（一）案例抠图：抠图

①开启档案后，在图层视窗的右边有【色版】（通道）选项，分成【RGB】（红绿蓝加在一

起）、【红】、【绿】、【蓝】四种色版(图2-1)。

图 2-1

②该示例图的背景以蓝色居多，而人的肤色含少量的蓝色，所以选择【蓝】色版复制，这样背景跟人物的颜色反差大，去背才会干净。接下来的目标是把处理【Model】处理成全黑，背景部分处理成全白(图2-2)。

图 2-2

③【Model】的白色T恤与灰阶背景极为相似，在框选背景时会连同袖子一并选取。为了区分，使用【磁性套索】或【钢笔】工具，沿着衣服与背景的交界描出选取范围。虽然使用【磁性套索】比较简单，但容易留下白色的边缘(图2-3)。圈选的地方填入黑色(图2-4)。

图 2-3

图 2-4

④开启【色阶调整器】→【影像】→【调整】→【色阶】，用黑色滴管在头发上点一下（图2-5）。

图 2-5

⑤再用白色滴管点一下【Model】周围的背景，使【Model】与背景的边缘对比更加鲜明（图2-6）。

图 2-6

⑥剩下的部分，再用笔刷把【Model】填满黑色（图 2-7）。

图 2-7

⑦按住【Ctrl】点选蓝色拷贝的色版图层，其会自动选取该色版上白色的范围（图 2-8）。

图 2-8

⑧在实际照片上，刚刚所选取的是背景部分。接下来用【反转选取】把【Model】选取起来，并且复制到新建图层（图 2-9）。

图 2-9

⑨如图 2-10 所示，一张完整的去背照片，发丝也处理得干干净净。此时可填加任何背景。

图 2-10

（二）使用通道制作人像

在学会了钢笔抠图后，提出一个问题，遇到飘逸的秀发如何抠图？本节将介绍通道法抠图的方法，通道法抠秀发比较好，抠其他地方还是钢笔工具好，下面结合钢笔和通道抠图的方法，进行图解说明。

通道抠图原理：通道包括颜色通道、ALPHA 通道、和专色通道。其中 ALPHA 通道是用来存储选区的，ALPHA 通道是用黑到白中间的 8 位灰度将选取保存。相反我们可以用 ALPHA 通道中的黑白对比制作所需要的选区。（ALPHA 通道中白色是选择区域）色阶可以通过调整图象的暗调、中间调和高光调的强度级别，校正图象的色调范围和色彩平衡。我们可以通过色阶加大图象的黑白对比的方式完成。

①打开 PS，将图片拖入（图 2-11）。

图 2-11a

图 2-11b

②点击背景图层，右击鼠标，点击【复制】图层选项（图 2-12）。

图 2-12

③使用【钢笔】工具抠图（图 2-13）。

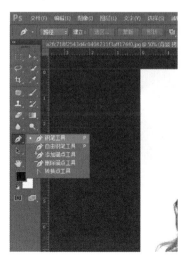

图 2-13

④抠画出人物大致轮廓（图 2-14）。

图 2-14

⑤按住【Ctrl + Enter】键加回车键将路径转化为选区，并且【羽化半径】数值定为 1 （图 2-15）。

图 2-15

⑥按【Ctrl + J】，创建一个新图层（图 2-16）。

图 2-16

⑦点击第二个图层，然后点【通道】（图2-17）。

图 2-17

⑧关闭其他通道的眼睛，保留蓝色通道，复制蓝色通道图层（图2-18）。

图 2-18

⑨关闭其他通道的眼睛，点击【复制】蓝色通道（图2-19）。

图 2-19

⑩点击上方图像选项，按【调整】选项，最后点【色阶】选项（图 2-20）。色阶值：135 1　　 195，如图 2-21 所示。

图 2-20

图 2-21

⑪使用【画笔】工具（图 2-22）。

图 2-22

⑫选择【画笔】大小 24，【硬度】100%（图 2-23）。

图 2-23

⑬用画笔在人物脸上涂抹（图 2-24）。

图 2-24

⑭点击上方【图像】选项→【调整】→【反相】（图 2-25）。

图 2-25

⑮点击右下方载入选区选项（图 2-26）。

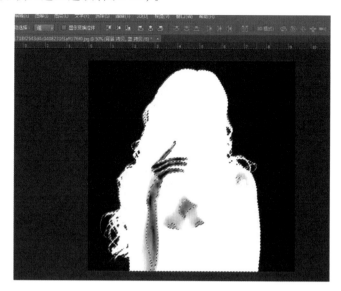

图 2-26

⑯恢复所有通道的眼睛，关闭蓝色复制通道图层的眼睛，回到图层面板（图 2-27）。

图 2-27

⑰点击图层，点击背景拷贝图层'然后做一个反相'再点击【编辑】→【剪切】（图 2-28）。

图 2-28

⑱选中两个图层，右击【合并】图层（图 2-29）。

图 2-29

⑲抠图完成（图 2-30）。

图 2-30

⑳置入背景图片（图 2-31）。

图 2-31

最后一步，将图片拖入背景图层，完成制作（图 2-32）。

图 2-32

（三）场景合成——巨型老虎魔幻场景

最终效果如图 2-33 所示。

图 2-33

①将素材中的老虎抠出（图 2-34）。

图 2-34

②将背景拖入，水平翻转背景，调整到合适的位置。【滤镜】→【模糊】→【场景模糊】，参数及表现如图 2-35 所示。

图 2-35a

图 2-35b

③背景色是夜晚，饱和度偏低。先用【色相】工具减少老虎的饱和度，然后将老虎色调用【色彩平衡】调得偏冷，使其与背景融合（图 2-36）。

图 2-36

④创建渐变图层，参数如下，调整渐变光圈到老虎的面部。设置好后适当调整图层不透明度，使其不致于太黑（图 2-37）。

图 2-37

⑤需要分别在老虎和树林图层上添加曲线压暗图层，使其背景不至于那么亮
（图 2-38）。

图 2-38

⑥压暗老虎那层曲线，要将老虎的面部亮面擦出（图 2-39）。

图 2-39

⑦将素材中的人物拖入（图 2-40a），加上投影（图 2-40b）。

图 2-40a　　　　　　　　　　　　　图 2-40b

⑧调好【软画笔】大小，【颜色】调整为 ff7800，如图 2-41 所示，该区域加上黄光，【叠加】模式，然后将【不透明度】调整为 40%。

图 2-41

⑨此时为灯做光源。先用 fff000 的画笔在灯芯位置点一下（图 2-42a），然后点【图层右键】，混合选项外发光，做出灯的外光源，参数如图（图 2-42b）。

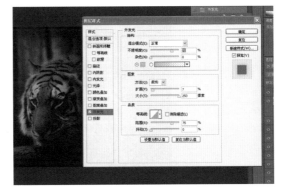

图 2-42a   图 2-42b

⑩将亮点素材拖入调整大小，不透明度，进行【高斯模糊】（图 2-43a），再将光源附近的亮度进行一下擦除（图 2-43b）。

图 2-43a   图 2-43b

⑪调整【色阶】，参数如图 2-44 所示。

图 2-44

⑫锐化：【Ctrl + Alt + Shift + E】盖印图层，图层模式线性光，【滤镜】→【其他】→高反差保留，调整到合适的数值（图 2-45）。

图 2-45

⑬再盖印一个图层，使用【高斯模糊】，数值为 10，再将图层加蒙版，将圆圈区域擦出（图 2-46）。

图 2-46

⑭最终效果，如图 2-47 所示。

图 2-47

(四) 制作古风工笔画效果

人物照片(图 2-48a)经古风工笔画制作后的效果，如图 2-48b 所示。

图 2-48a　　　　　　　图 2-48b

①打开【PS】，新建画布【3500px ＊ 5500px】，分辨率 72(图 2-49)。

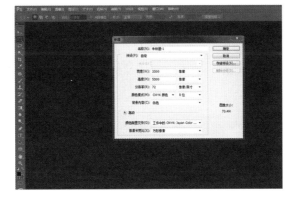

图 2-49

②拖入【宣纸素材】、【人物素材】，按【Ctrl + T】调整位置（图 2-50）。

图 2-50

③按【Ctrl + J】复制人物图层（图 2-51a），按【Ctrl + Shift + U】去色后再次复制一层，【混合模式】为【颜色减淡】，按【Ctrl + I】将图层反向（图 2-51b）。

 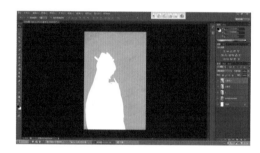

图 2-51a　　　　　　　　　　　　　　　　　　图 2-51b

④点击【滤镜】→【其他】→【最小值 1px】，效果如图 2-52 所示。

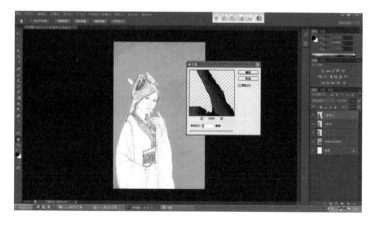

图 2-52

⑤将复制的两个图层选中，按【Ctrl＋E】合并，【混合模式】为【柔光】（图2-53）。

图 2-53

⑥将人物素材图层【混合模式】改为【正片叠底】（图2-54）。

图 2-54

⑦选中人物图层，按【Ctrl＋单击图层缩略图】调出选区，选中【宣纸素材图层】按【Ctrl＋J】复制，不透明度改为【45%】（图2-55）。

图 2-55

⑧选中人物的两个图层，按【Ctrl + G】编组，添加【色相饱和度】数据（图2-56a）。适当调整【人物组】的【曲线】和【色彩平衡】使其达到预期效果（图2-56b）。

图 2-56a

图 2-56b

⑨按【Ctrl + Shift + Alt + E】盖印图层，点击【渐变映射】→【黑到白渐变】，【混合模式】为【柔光】（图2-57）。

图 2-57

⑩添加素材，调整至合适的位置，【混合模式】为【正片叠底】，按【Ctrl + Shift + Alt + E】盖印图层（图2-58）。

图 2-58

⑪原图（图2-59a）和最终效果（图2-59b）对比。

图 2-59a   图 2-59b

（五）用 PS 把美女照片转成黑白素描照片效果

①打开图片，【Ctrl + J】复制一层，【Ctrl + Shift + U】去色，【Ctrl + J】复制去色层，【Ctrl + I】反相（图2-60）。

图 2-60a

图 2-60b

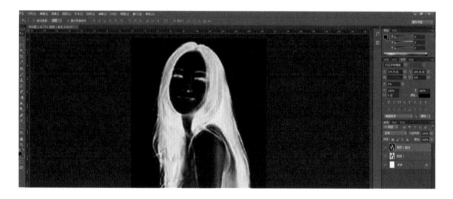

图 2-60c

②【混合】模式，颜色减淡（图 2-61）。

图 2-61

③此时图片效果如图 2-62 所示。

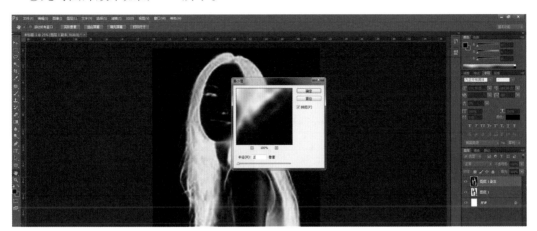

图 2-62

④执行"【滤镜】→【其他】→【最小值】"两个像素（图 2-63）。

图 2-63

⑤双击图层缩略图，按住【Alt】向右拖动下一图层（图 2-64）。

图 2-64

⑥合并图层，添加图层蒙版，在图层蒙版执行【滤镜】→【杂色】→【添加杂色】（图2-65）。

图 2-65

⑦在图层蒙版上执行【滤镜】→【模糊】→【动感迷糊】（图2-66）。

图 2-66

⑧最终效果，如图2-67所示。

图 2-67

二、Photoshop 界面

（一）Photoshop 标准界面

从各版本来看，Photoshop 的界面布局总体上一直没有太大的变化。但本书建议学习者采用 Photoshop CS2 以上版本，因为它们和之前的版本相比，在图层的操作方式上有显著区别。本节将以 Photoshop CS3 版本为例，开展各种平面设计的练习。

Photoshop 安装完成显著，从默认的界面上来看，上方分布着【菜单栏】、【选项栏】，左边是【工具栏】，右边是一些浮动窗口，中间是主要的作图区。【工具栏】和浮动窗口都可以根据操作者的使用习惯来自定义位置，可以根据自己的工作性质，通过"窗口"菜单决定打开的浮动窗口或是关闭暂时不用的浮动窗口。如图 2-68 所示：

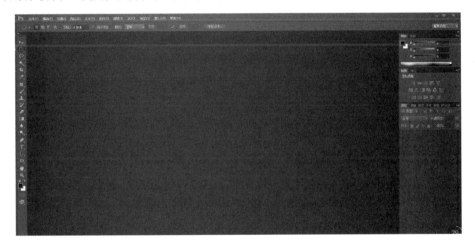

图 2-68

（二）新建文件

点击"文件"菜单，选择"新建"选项，弹出新建文件的窗口。在此窗口中，可以定义新建图像文件的尺寸和颜色模式等参数，其中文件的尺寸设定是在开始时就要注意的问题。下面进行详细讨论。

首先，要清楚做的目标，例如，是做网页设计、影像设计还是海报设计等。所制作出的图像，最终通常有两种用途：一种用于显示设备的显示，如目标网页设计，最终在计算机屏幕上显示；另一种是用于印刷、打印等。这两种用途决定了如何定义新建文件的尺寸。

（1）像素

像素，是一张位图最基本的单元。计算机图像一般包括位图和矢量图两种。其中，位图是由一个个像素点构成，每个像素点是一个单色的点，通过密集排列后，形成我们看到的位图，如数码像片、电视画面等。把位图放大，可以看到其由一个个矩形的像素构成，所以，位图不能无限制地放大。而矢量图是通过记录其顶点数量、坐标位置、顶点形态和色彩填充等数值进行图像的保存和显示的，所以，其最大的优势是图像可以任意地缩放，其清晰度不会受到影响。但其缺点也很明显，就是无法绘制较为复杂的色彩。

（2）依据显示设备定义图像的尺寸

目前用于显示的终端设备多种多样，尺寸各不相同，但其显示原理是类似的，都是由多个发光点以矩阵排列的方式显示图像，每个发光的小单元被称作"像素"。例如，普通15寸液晶显示器的发光单元横向排列了1024个，纵向排列了768个，所以这台显示器的分辨率就是1024px×768px，总共约80万像素。那么在Photoshop当中制作一张该显示器的桌面背景，新建文件的时候，就应该以"像素"为单位，分别设定宽度和高度为1024和768。这样制作出来的图像跟这台15寸显示器的分辨率一致，显示的时候可以达到最佳的显示状态。

（3）依据印刷的尺寸定义图像的尺寸

图像的另一种用途是将其印在平面介质上，如书籍、海报等，在新建文件时定义的图像尺寸直接决定其将来可印刷的尺寸，所以是极其重要的。当图像属于这类用途时，要把新建文件窗口中的宽度和高度设定为准备印刷输出的尺寸。例如，制作一张A3纸大小的图像，那么，在新建文件窗口中设定文件的宽度和高度分别为210mm和297mm。这个时候，分辨率应根据最终的印刷要求设定。通常印刷稿件的要求是300dpi/英寸以上，打印机中等精度输出的要求是72dpi/英寸以上，分辨率越高，图像的精度越高，可输出的应用范围越广。既然如此，在新建文件时，是否都设定为高分辨率？理论上是可行的，但实际在操作中不得不面对一个严重的问题——计算机能够承受的图像处理数据量计算能力？在新建文件窗口的右下方可以看到文件的大小，以目前普通的个人计算机的处理能力来看，如果计算机的硬件配置较好的话，可以流畅地制作800Mb以内的图像，当图像的大小超过1G后，计算机在处理该图像的过程中会常常停止响应，造成工作无法完成。所以，有时候为了能够顺利地完成工作任务，不得不降低图像的分辨率，牺牲掉图像的精度。

（4）图像大小

在新建文件时，设定好的参数，还可以通过"图像"菜单中的"图像大小"命令进行修改。但在修改时，一般只修改图像的打印尺寸，很少去修改图像的分辨率，这是因为想要在图像制作好以后，再提高其像素值，加大其分辨率，这种做法是不可取的。例如，我们点击"文件"菜单"，选择"新建文件"命令，弹出"新建文件"窗口，新建一个宽度和高度都是2像素的图片。这张图片由4个像素构成，现在分别给4个像素用"铅笔"工具画上红色、黄色、白色、蓝色。然后，使用"图像"菜单中的"图像大小"命令，把"约束比例"的选项取消，把高度改为1像素，这样就把4个像素点上下分别相加起来，红色加白色得到粉红色，黄色加蓝色得到绿色。现在我们再次使用"图像"菜单中的"图像大小"命令，把高度还原成2像素，完成后，我们发现，高度已经变回2像素，但色彩却并没有还原为红色、黄色、白色、蓝色，而是粉红、绿、粉红、绿。这个例子告诉我们，分辨率可以降低，降低其实就是多个像素合并为一个，这些像素的色彩会融合在这一个像素之中；分辨率也可以提高，提高其实就是一个像素分解为多个像素，但遗憾的是，分解后像素的色彩会保持原像素的色彩，不会分解为多种色彩。这就意味着，提高分辨率只是把一个大的像素分解为若干小像素，图像的清晰度并没有提高，所以，在后期提高图像的分辨率，是毫无意义的。

（5）颜色模式

在 Photoshop 中，颜色模式有"位图""灰度""双色调""索引颜色""RGB 颜色""CMYK 颜色""Lab""多通道"8 种，其中，最常用的是"RGB 颜色"和"CMYK 颜色"，以下就这两种颜色模式进行简要介绍。

①"RGB 颜色" 是指由光的三原色——红、绿、蓝调配出屏幕上所显示的颜色，指的是光色的混合。传统的 CRT 显示器或是电视机，是用电子枪轰击屏幕，形成红、绿、蓝三色光，调和出我们眼睛所看到的色彩。现在普通使用的液晶显示器，在使用放大镜来观察的时候，我们可以看到其每一个像素单元，其实是由三个更小的红、绿、蓝单元构成，这三个小单元分别发出不同亮度的红光、绿光、蓝光，从而调和出我们所看到的色彩。

②"CMYK 颜色" 是指蓝、红、黄、黑四种颜料色的混合，类似于颜料调和后在纸上画出的颜色。颜料色的三原色是蓝、红、黄，理论上，可以用这三种颜色调和出我们生活中的所有色彩，但在实际调和过程中，颜料色的饱和度（鲜艳度）会下降，参与调和的颜色越多，饱和度下降得越厉害，这就是为什么理论上蓝、红、黄三色可以混合出黑色，但在实际应用时，却要另外增加黑色的原因。因为蓝、红、黄三色实际上混合出的是饱和度降低了的黑色，即灰黑色。这就意味着，颜料色的混合，调和出的色彩，由于其饱和度的下降，所能调和出的颜色，比我们在生活中所看到的颜色要少得多，因为在生活中我们看到的是光色。

在用 Photoshop 制作图像的时候，通常使用"RGB 颜色"模式，因为在此模式下，Photoshop 中的大部分功能都能正常使用，如果图像的最终用途是用于打印或者印刷的话，可以最后转为"CMYK 颜色"模式检查颜色是否正常。在作图的过程中，值得注意的一个小细节：拾色器窗口中的警告标志，此标志可以衡量颜色是否超出了"CMYK 颜色"的色彩范围。

新建一个文件是学习 Photoshop 的开始，貌似有许多问题需要解决，但 Photoshop 能让人头痛的问题其实并不太多。只是上述问题实在是太重要，所以，希望初学者们能耐心地阅读和学习。以下将通过一个个实际的应用范例，结合理论讲解使用 Photoshop 进行平面设计的技能。

以下章节主要涉及商业人像处理的方法，旨在提高学习者对 Photoshop 的学习兴趣。因为人像处理不仅只用于商业用途，在现代人的生活中，数码相机已成为不可或缺的娱乐产品，用 Photoshop 处理数码照片，可以给我们的生活带来极大的乐趣。

项目三 文字设计制作

使用 Photoshop 进行平面设计，涉及文字的处理有多种方法。一般情况下，常用的手段有 7 种。在进行平面设计时，可以结合多种方法，灵活运用，创作出具有魅力的文字形态，使其能更鲜明地传达设计的意图。

一、使用图层样式装饰文字

图层样式是通过给图层附加一些样式，来快速得到一些特殊效果的手段。但需要注意的情况，这些样式是附加在图层上的，并不改变图层原有像素的色彩，所以，图层样式不会随着图层放大缩小，也不会受到图像调整的影响。如果要将图层样式图片化，可以新建一个空白的图层，再将此空白图层与应用了图层样式的图层合并。文字的处理，主要是通过改变文字的样式来改变文字的特征，本节将介绍文字处理的第一种方式：图层样式。首先，新建一个文件，如图 3-1 所示。然后，在文件里编辑文字，字体颜色选黑色，编辑文字之后，按【Ctrl＋T】自由变换，然后按住【Shift】键，拉动文字四角，这样在缩放时不会改变文字长宽比，大小调节之后，文字选择比较粗的字体，然后点击【图层】面板下方的选项【斜面和浮雕】，如图 3-2 所示。

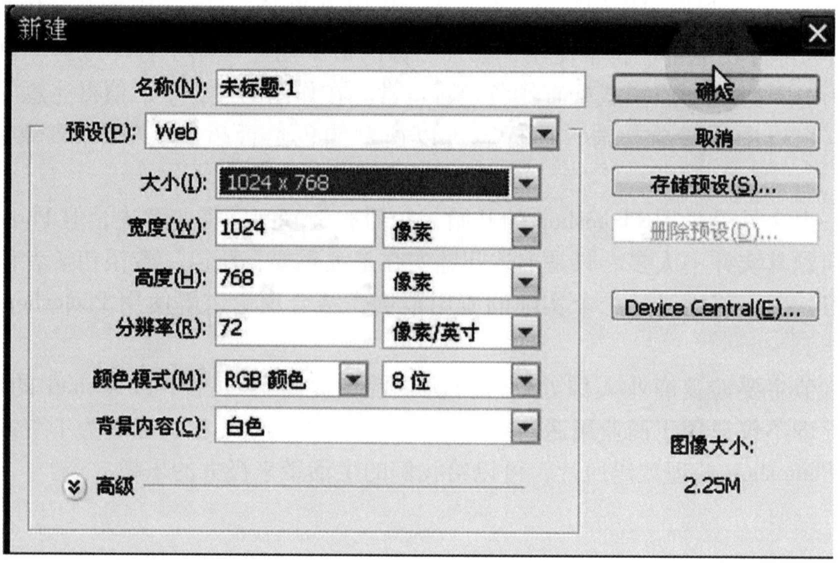

图 3-1

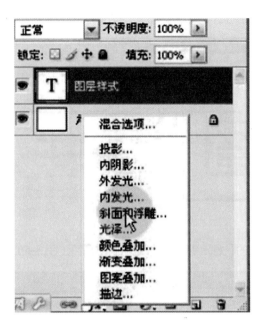

图 3-2

在图层样式窗口中，调节斜面和浮雕的大小，因为文字是黑色的，所以变化不明显，那么调节文字颜色，选择【颜色叠加】，选择灰色。

再点击"斜面和浮雕"，调节大小值，可以比较明显的看到文字变化，如果想要做出金属的效果，加入等高线（图3-3），也可以选择其他等高线，观察文字的变化，感受不同等高线的特点，如果要做出更多的肌理效果，可以尝试加入纹理。

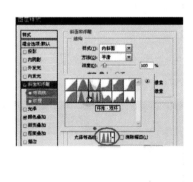

图 3-3

下面制作金色的文字，选择【颜色叠加】，将颜色改为金色。如图3-4所示。

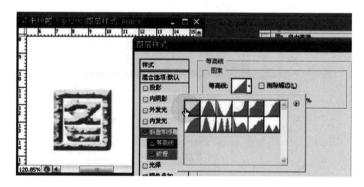

图 3-4

再将【斜面与浮雕】中的【光泽等高线】改为下图所示（图3-5）。

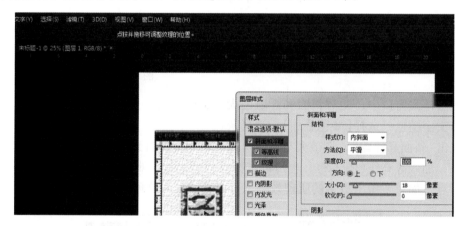

图 3-5

如上调节后，文字会更有金属的效果。接下来添加投影，调节数据后会更显出金子的立体感，如图3-6所示。

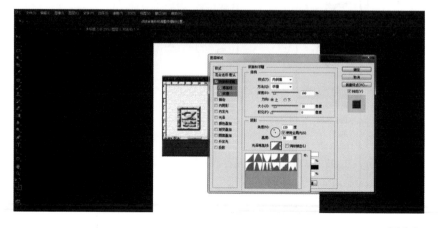

图 3-6

将【斜面和浮雕】的方法，由【平滑】改为【雕刻清晰】，这样就得到清晰的浮雕。如果是平滑，形成的就是圆的浮雕(图3-7)。

图 3-7

如果要给图像画上一些东西，选择画笔，此时点击图片会出现栅格化的对话框，点击确定。如图 3-8a 所示，栅格化之后，文字图层转化为普通图层，此时已不能再对其字体、字号、间距等做出调整，所以在栅格化以前，必须确定文字不用再修改。选择一个样式比较乱的画笔，将流量改为 40%，然后画出图形，此时也会出现和金色字体样式一样的图案(图 3-8b)。绘图过程中还可以调节画笔的流量，以增加变化。

图 3-8a

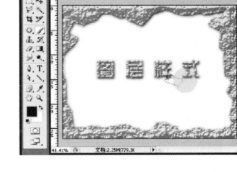

图 3-8b

二、制作逼真粉笔字效果

电商海报中的粉笔字，并不是真的用粉笔写在黑板上然后拍的照片，那样不仅太麻烦，而且效果不好时反而表达不理想。海报中的粉笔字，其实是用 PS 软件模仿真实粉笔写在黑板上的效果，采用几个非常简单的方法制作出来的。

例如，儿童节、教师节、开学季、毕业季等跟学生相关的，经常可以看到粉笔字。因为看到粉笔字，大家第一反应就是联想到学校、学生、老师、书包、书等，所以粉笔字的应用很常见、好用。

如图 3-9 所示，通过 PS 制作的效果图

图 3-9

① 选择一个黑白的素材。如 3-10 所示，在 PS 中打开，按【Ctrl + J】复制出一个新图层（养成这个作图的好习惯，在新图层上进行操作，背景图层保留不破坏它）。

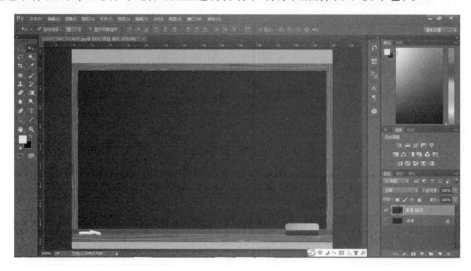

图 3-10

②如图 3-11 所示，在左边工具栏中选择文字工具（大写字母 T 图标）。点开右下角的小三角，选择第一排【横排文字工具】。输入"教师节快乐"。选择一个喜欢的字体（图 3-12）。然后选择文字改变字体的颜色为黑色，尽量与黑白的颜色相近（图 3-13）。

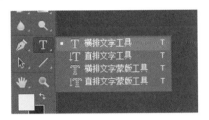

图 3-11

图 3-12

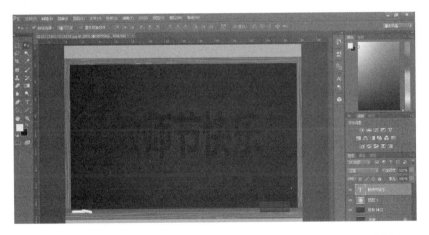

图 3-13

③确定后，选中文字图层，右击选择描边（图 3-14a），调出图层样式面板，修改颜色为白色，大小 2 ~ 3 个像素，具体数值根据要编辑文字的大小确定（图 3-14b）。

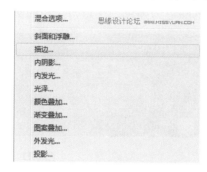

图 3-14a

图 3-14b

④新建一个空白图层，选择矩形选框工具或者矩形工具创建一个矩形，填充白色（图 3-15）。

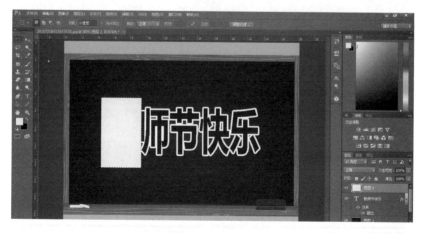

图 3-15

⑤选中新建空白层，点击菜单栏中的【滤镜】→【杂色】→【添加杂色】，调出面板。选择高斯模糊，输入一个差不多的数值，如图 3-16 所示效果，勾选下方的【单色】。

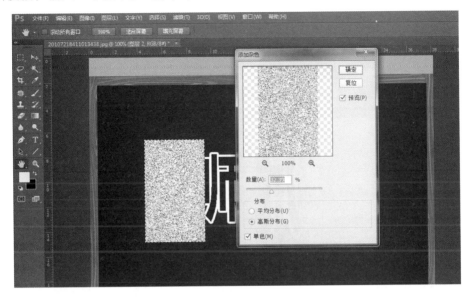

图 3-16

⑥然后继续选择【滤镜】→【模糊】→【动感模糊】（图 3-17）。调整距离和角度的数值，到一个合适的位置（图 3-18）。

图 3-17

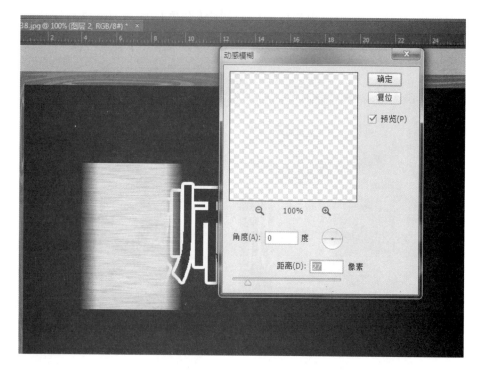

图 3-18

⑦按 Ctrl + T 选择矩形，进行变形，覆盖住文字层 (图 3-19)。

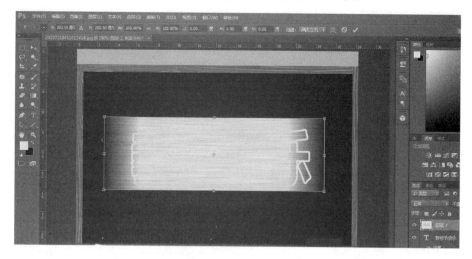

图 3-19

⑧然后鼠标右击选择【创建剪切蒙版】或者按快捷键【Ctrl + Alt + G】(图 3-20)。

图 3-20

⑨如图 3-21 所示，按【Ctrl + L】调出色阶面板，把黑白对比度调一下。让效果更加突出和鲜明。也可以按住【Ctrl + T】继续调节，变换一下倾斜角度（图 3-22）。

图 3-21

图 3-22

⑩如图 3-23 所示，用 PS 制作的最终效果图。

图 3-23

三、制作创意水火交融艺术文字图片

效果字分两部分完成。首先选择水花素材，截取局部按照文字的走势进行变形及拼接组成水花字；然后选择火焰素材，同样的方法截取局部变形得到火焰字。整体的效果很漂亮，下面具体介绍一下操作过程。

如图 3-24 所示，为火焰字最终效果。

图 3-24

①新建一个 1500 * 900 像素的画布（图 3-25）。

图 **3-25**

②由上到下拉一个深灰到纯黑径向渐变（图 3-26）。

图 **3-26**

③输入字母 K，按【Ctrl + T】键拉到适合的大小，并且降低不透明度（图 3-27）。

图 **3-27**

④如图 3-28a 所示，拖入水花素材（也可以用水花笔刷）。执行【图象】→【调整】→【去色】，按【Shift + Ctrl + U】再执行【图象】→【调整】→【反相】【Ctrl + I】。再用套索工具画出需要的部分（图 3-28b）。

图 3-28a

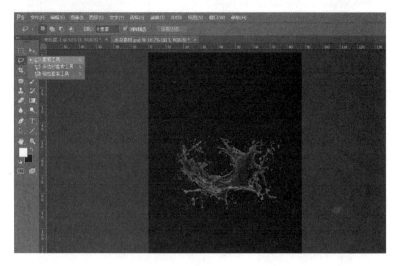

图 3-28b

⑤拖动素材到 S 上，执行混合模式为滤色，然后再按【Ctrl + T】变形，如图 3-29a ~ c
所示。

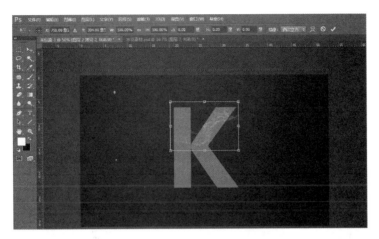

图 **3-29**a

图 **3-29**b

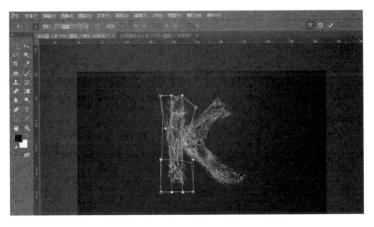

图 **3-29**c

⑥按照这个方法，用蒙版擦掉你认为多余的部分。用素材做完全部的效果。关闭 S 那层的眼睛图标（图 3-30）。

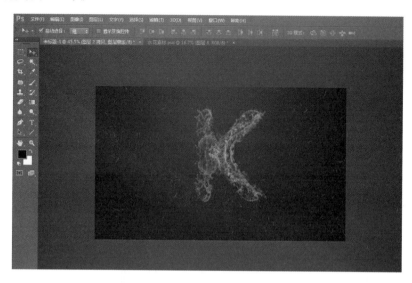

图 **3-30**

⑦拖入火焰素材（图 3-31a），执行混合模式滤色，用套索工具画出需要的部分并且使用同水花操作相同的步骤，完成对火焰素材的变形（图 3-31b）。

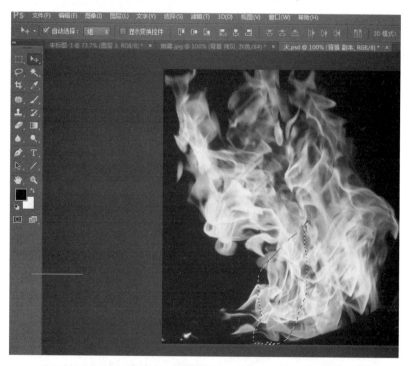

图 **3-31**a

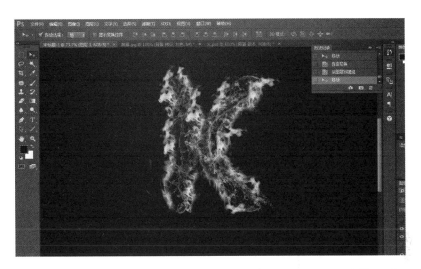

图 **3-31**b

⑧把烟雾素材执行混合模式滤色，并且变形，用图层蒙版擦掉多余的部分。效果如图
3-32a、b 所示。

图 **3-32**a

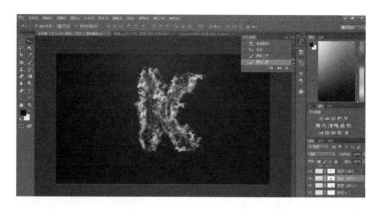

图 3-32b

⑨在背景图层上用画笔编辑一个橘色的圆圈。混合模式为点光（图 3-33）。

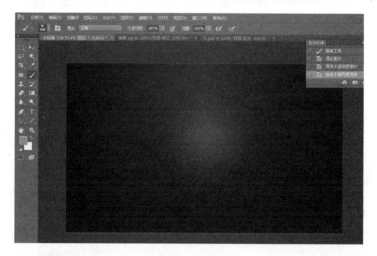

图 3-33

经 PS 制作后，最终效果如图 3-34 所示。

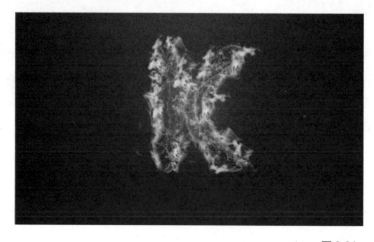

图 3-34

四、文字的变形

通常情况下，需要对文字进行变形，以实现更夸张地传达述求。在 Photoshop 中，对文字的变形有很多方法，本节将介绍的两种常用的手法。首先新建文件，添加文字，输入文字后，调整大小。

（一）简单的变形

方法一：如果要变成随意的形状，选择菜单"滤镜"→"液化"，栅格化之后进行液化的处理，如图 3-35 所示。

图 3-35

方法二：在文字图层的名称上点击右键，选择"栅格化"之后，用矩形选框工具选择文字的一半，使用菜单"编辑"→"自由变换"，按住【Ctrl】键，拖动调整，进行文字的变形如图 3-36 所示。

图 3-36

（二）复杂的变形

通过变换路径来改变形状。首先，编辑好文字，打开"选择"菜单→"载入选区"→"确定"。或者按【Ctrl】键在"图层"面板中单击文字缩略图，也可以载入选区。然后，点击"路径"面板，点击"从选区生成工作路径"按钮处，把选区转为工作路径（图 3-37）。

图 3-37

在"图层"面板中把文字图层隐藏起来。创建一个新的图层，准备填充。转到"路径"面板，使用直接选择工具，点击路径边线，修改路径。后把路径转换成文字，可以选择要填充的路径，在"路径"面板下方选择【用前景色填充路径】(图 3-38)。

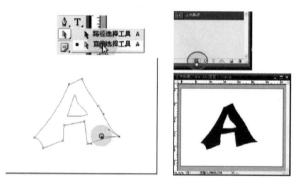

图 3-38

除填充的方式外，还有描边的方式做文字的变形。新建一个图层，把之前的隐藏起来，选中画笔，换一个特殊的图案，如"★"。然后回到"路径"面板，点击【用画笔描边路径】描出路径(图 3-39)。

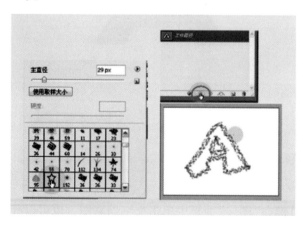

图 3-39

可以用上述方法制作发光字体，将前景色调为白色，背景色调为黑色。选择背景层，按【Ctrl + Delete】键填充背景色黑色，再创建新图层，用很小的柔和边界的圆形画笔，将流量设置为15%。切换到"路径"面板，按【用画笔描边路径】选项描出路径。然后把画笔的直径加大一些，再次描边，重复操作多次后，可描出一个边缘柔和的文字效果。其可以模拟霓虹灯的效果，被称为"发光字"（图3-40a）。如果要变换发光字的颜色，可以使用"图像"菜单→"调整"→"色相饱和度"，在弹出的窗口中，将"着色"选项勾上，再调整色相和饱和度，即可调整出自己想要的色彩(图3-40b)。

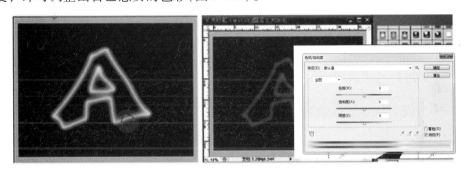

图 **3-40a**   图 **3-40b**

五、制作黄金质感艺术文字

本教程主要讲解Photoshop制作黄金质感的立体艺术字流程，教程主要通过图层样式来完成。效果预览，如图3-41所示。

图 **3-41**

①打开ps，新建画布800px×600px，输入"艺术与生活"，字体选择超大黑体(图3-42)。

图 **3-42**

②为丰富金属字的效果，我们要做一个图案，用在描边样式里。新建页面大小 1px × 2px，填充第一个像素为#efcb5f，第二个像素为#ffffff，如图 3-43 所示。

图 3-43

③选择【编辑】→【定义图案】，命名为"描边 1"（图 3-44）。

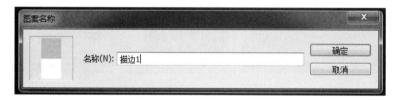

图 3-44

④打开网络搜到的"金属纹理"图片（图 3-45a），选择【编辑】→【定义图案】，命名为"金属"（图 3-45b）。

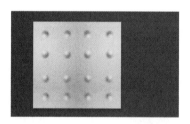

图 3-45a

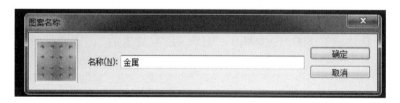

图 3-45b

⑤点击文字图层，添加右下方的图层样式（图 3-46a），先给图层加"描边"，设置如图 3-46b 所示。

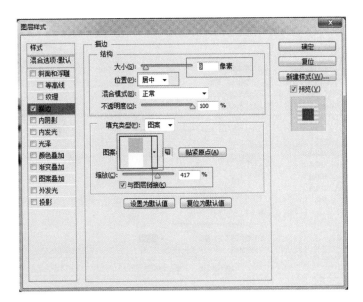

图 3-46a

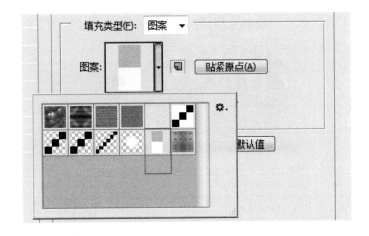

图 3-46b

⑥给图层加"斜面跟浮雕"，设置如图 3-47a 所示，光泽等高线要选择默认的"第九个"。为增加字体的高光通透度，下边的高光不透明度设置为 98％，阴影模式为 74％（图 3-47b）。

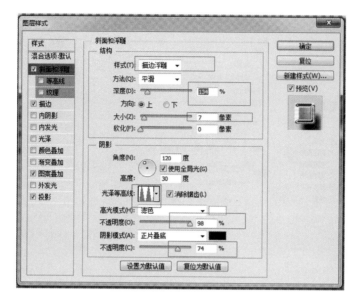

图 3-47a

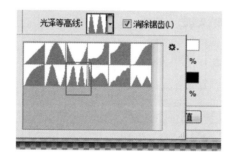

图 3-47b

艺术与生活

　　在图层样式上点击【图案叠加】，选择刚才导入的"金属"图案，设置参数如图 3-48
所示。

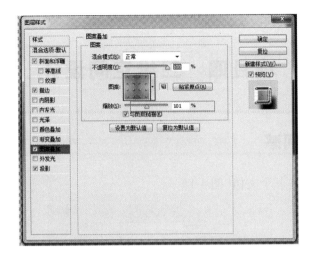

图 **3-48**a

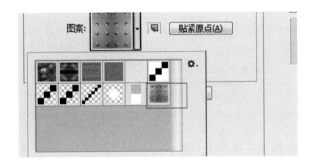

图 **3-48**b

　　本单元对 Photoshop 中文字的处理方法进行了总结，但并不是全面的。在处理文字时，可以灵活运用更多的方法，但目的要明确，不能只是为了效果而效果，而应让文字更好地表达作品的主题服务。

项目四　三维空间设计

一、实例讲解空间感

①按【Ctrl + N】新建一个文档(图 4-1)

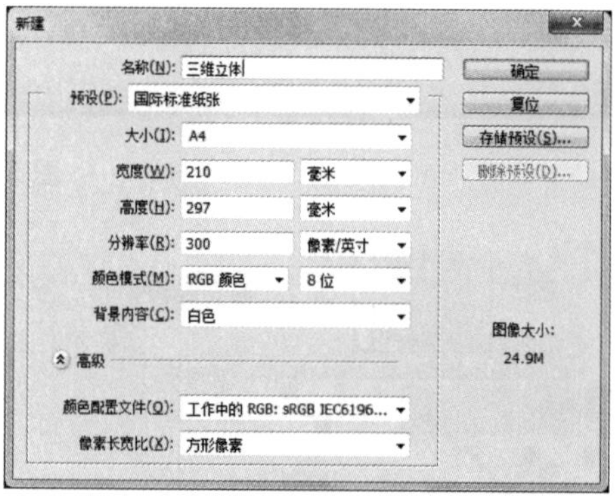

图 4-1

②打开 PS 软件,并拖入一张图片(图 4-2)。

图 4-2

　　图中的相框,经过透视、斜切的基本处理。但这张平面图,既使经过透视、斜切,也只是表现出一定的斜面效果而已。如何表达类似于真实的相框,让它看上去不再那么平面,则需要进行细节上的处理。其实处理过程很简单,下面继续进行详细的讲解。

③透视、斜切出一个斜面(图4-3)。

图4-3

④复制一层,留底备用,再复制一层,拉低曝光度,这样就产生了3层。为方便显示,将3层距离拉大,其实复制完之后是在同一个位置(图4-4)。

图4-4

⑤将3层之间稍微拉出距离,只要有一个内凹相框的感觉就可以(图4-5)。

图4-5

⑥再加上椭圆形的灰色填充和碎裂玻璃纹路之类的处理,添加上阴影,显示出一个破裂的镜面框(图4-6)。

图 4-6

⑦最后再加上成图时的各种背景及光线的处理，体现出点滴远近空间感（图4-7）。

图 4-7

⑧如果再加上一些从诸如碎玻璃等素材图上截取下来的图块，同样复制几层做出一定的厚度，加上阴影，就构成碎裂镜框的简单布局（图4-8）。

图 4-8

　　以上关于素材的小细节，如果不说，可能有一部分人就不会注意到。虽然能想到利用透视或者斜切去制作一个斜面，但忽略了真实情况下，这个镜面可能会有的凹陷以及阴影，那么不管其他部分再怎么表现，由远近产生的小小的真实感也是没办法完全表现出来。

　　同样的，如果没有那几块小小的碎玻璃图块，这个场景的表现力也会变得薄弱一些，这也同样是一个微小的细节之处。如果能注意到，那么一些图的表达会更丰满（图 4-9）。

图 4-9

二、水晶球制作

　　选取素材，如图 4-10 所示。

图 4-10

①新建 500mm×300mm 文档（如图 4-11）

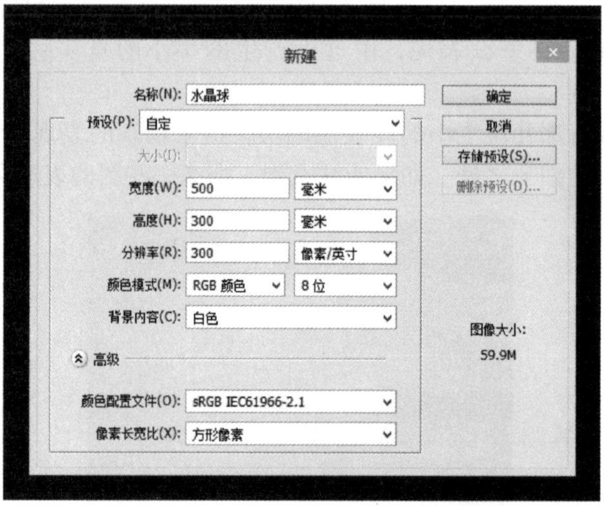

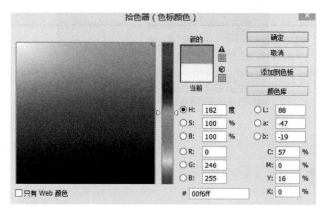

图 4-11

②新建图层，用椭圆选框绘制椭圆选区，并使用线性渐变填充（图 4-12）。

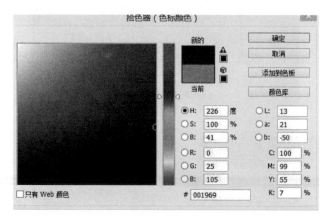

图 4-12a

图 4-12b

图 4-12c

③选取素材图片放置在圆的位置，按【Ctrl + Shift + 反选 Delete】，删除多余部分（图 4-13）。

图 4-13

④按住【Ctrl】键鼠标点击素材图层出现浮动选区（图 4-14），【滤镜】→【扭曲】→【球面化】，数量为 – 100。

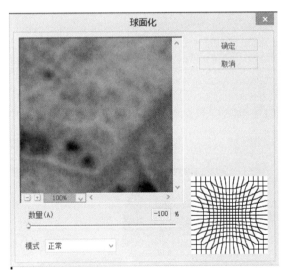

图 4-14

⑤将素材图层设置为叠加，同时调整不透明度为70%（图4-15）。

图 4-15a

图 4-15b

⑥新建图层绘制椭圆选区，在选区上右击鼠标选择【自由变换】将椭圆选区倾斜（图4-16）。

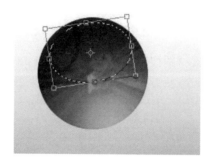

图 4-16

⑦将前景色设置为白色渐变样式，选第二种从前景色至透明填充，使用渐变填充（图4-17）。

图 4-17

⑧如果觉得球体太暗，按【Ctrl＋U】调整圆球层的饱和度和明度（图4-18）。

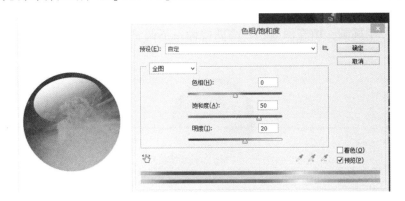

图 4-18

⑨合并除背景层之外的三个图层，在背景上方新建图层绘制椭圆选区，【选择】→【变换选区】倾斜后填充一种深色（图4-19）。

图 4-19

⑩按【Ctrl＋D】取消选区，【滤镜】→【模糊】→【高斯模糊】4 个像素，调整不透明度为50%（图4-20）。

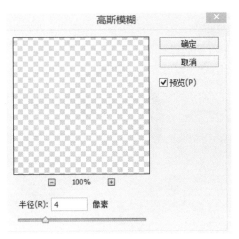

图 4-20

⑪在阴影图层部分绘制小的椭圆选区，变换一定角度后羽化【Ctrl + Alt + D】10 像素，【图像】→【调整】→【亮度/对比度】，这时候感觉球太飘了，所以继续在阴影图层上新建一个图层，绘制一个椭圆，填充深蓝色，高斯模糊一下调整好位置（图 4-21）。

图 4-21

⑫合并图层然后按住【Ctrl】，想复制就直接拖动鼠标，按【Ctrl + U】调整颜色（图 4-22）。

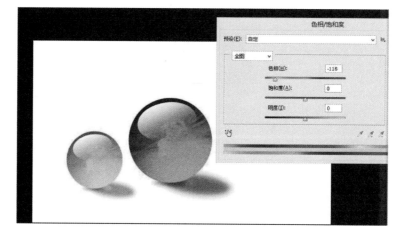

图 4-22a

图 4-22b

三、制作漂亮的三维立体图

①按【Ctrl + N】新建一个文档（图 4-23）。背景填充蓝色（图 4-24）。

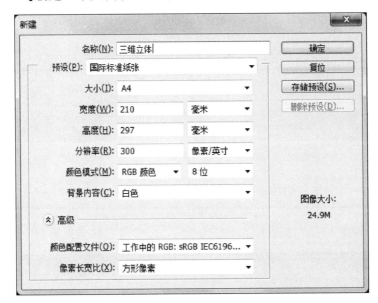

图 4-23

图 4-24

②用一个大的软边画笔，前景黑色，在画布中间点一下，给画布增加深度（图 4-25）。

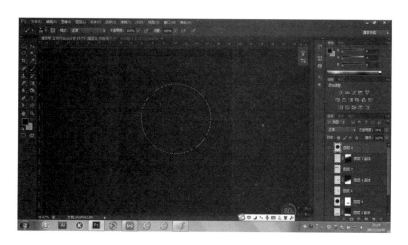

图 4-25

③随意打开一张图片，用单行选框工具在上面点一下，按【Ctrl + C】复制，到新建文档上按【Ctrl + V】粘贴(或【Ctrl + J】复制出来，选择移动工具，点住它拖到新建的文档上来，因为只有 1 像素大小，拖过来你可能找不到，仔细将它移动到画布中间来)。

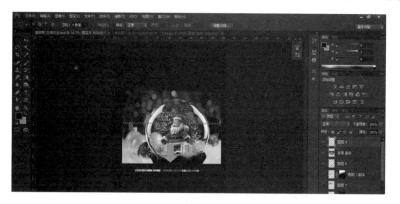

图 4-26

④执行【Ctrl + T】把它拉长，太宽的话把它缩窄点。复制一层，将它拉更长，保持宽度(图 4-27)。

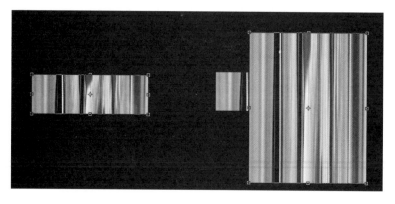

图 4-27

⑤现在创建三维效果。执行【Ctrl + T】点右键【透视】，点住上面两角的节点左右平行移动，将它们集在一起，点住中间的节点左右平行移动，可以形成斜视的效果（图4-28）；再右键【扭曲】，点住中间的节点垂直往下压，形成水平效果（图4-29）。做成效果，如图4-30所示。

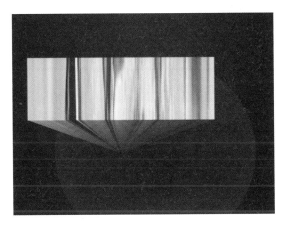

图 4-28

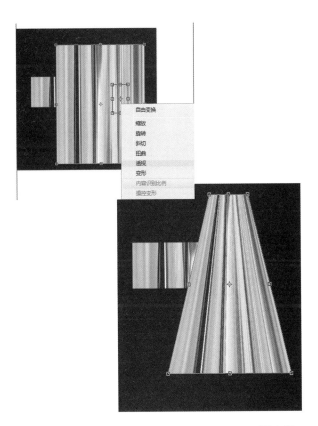

图 4-29

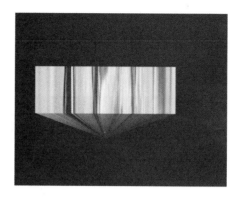

图 4-30

⑥新建图层，载入正面矩形的选区，选择一个 1～200 大小的软边画笔，前景设为黑色，在选区外围（两面交界处）轻轻的刷上一点黑色阴影，使之看起来会有立体的效果（图4-31）。

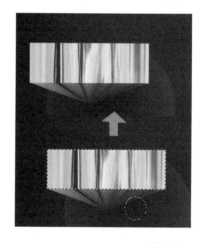

图 4-31

⑦选择侧面矩形图层，载入选区，添加蒙版，用黑色软边画笔在延伸处画上黑色，使物体与画面结合，显得更有深度，如图 4-32 所示。

图 4-32

利用不同的图像创造更多的效果，如图 4-33 所示。

图 4-33

四、平面图森林的成立体空间感效果

①打开软件；新建文件，并拖入一张图片；复制背景图层为背景副本（图 4-34）。

图 4-34

②然后，按【Ctrl + T】，鼠标在图片上右击，弹出菜单中点水平翻转（图 4-35）。

图 4-35

③ 然后，把水平翻转的图片旋转 90°；鼠标点住图片，观察图片底部，把图片对齐于下方的图片（图 4-36a）；按下回车键；选取钢笔工具把左上角框出路径，如图 4-36b 所示。

图 4-36a

图 4-36b

④按【Ctrl + Enter】把路径转换为选区；然后，在图层面板这里，点击"添加图层蒙版"（图4-37）。

图 4-37

⑤这时，画布中的图片，左边已显示有立体效果。把背景图层再复制一份，为背景副本2（图4-38）；并拉到顶层。然后，按【Ctrl + T】，鼠标在图片上右击，弹出菜单中点水平翻转，最后，把水平翻转的图片旋转 −90°（图4-39）。

图 4-38

图 4-39

⑥鼠标点住图片，观察图片底部，把图片对齐于下方的图片；按下【Enter】键；选取钢笔工具把右上角框出路径（图 4-40）。

图 4-40

⑦按【Ctrl + Enter】键把路径转换为选区（图4-41）；然后，在图层面板，点击【添加图层蒙版】（图4-42）。

图 4-41

图 4-42

⑧观察画布中的图片，立体空间感出来了，再做一些细节的修饰，把背景图层眼睛关闭（图4-43）；然后，选取画笔工具，把前景色设置为黑色，在树顶处稍微涂抹下（图4-44）。

图 4-43

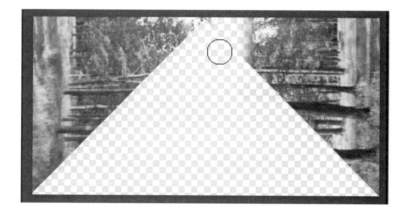

图 4-44

⑨所有操作完成，最终效果如图 4-45 所示。

图 4-45

项目五　科幻大片空间制作

一、制作梦幻星空海报

①新建一个 1000px × 1455px 像素，分辨率为 72 像素/英寸的文档，然后保存（图 5-1）。

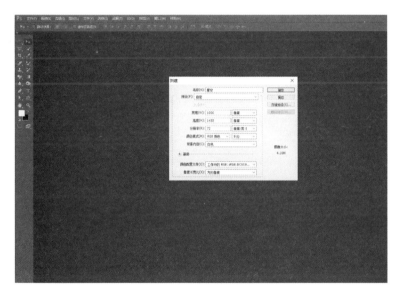

图 5-1

②导入素材，调整下大小和位置（图 5-2）。

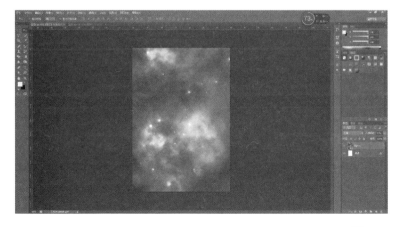

图 5-2

③用矩形工具拉一个和画布等宽等高的矩形，填充黑色（图 5-3）。

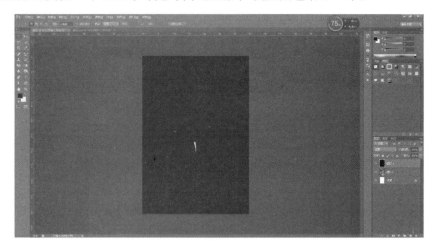

图 5-3

④用椭圆工具，路径操作换成"减去顶层形状"，在矩形的中间减去一个椭圆，调整下位置和大小，只留下四个角落（图 5-4）。

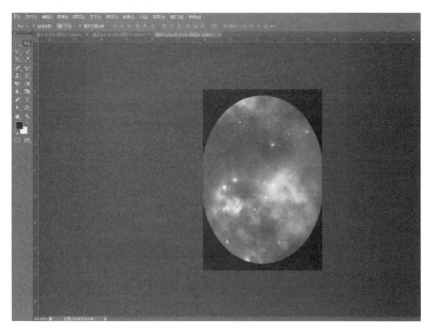

图 5-4

⑤调出属性面板（窗口—属性），羽化形状图层，调整透明度和羽化值（图 5-5）。

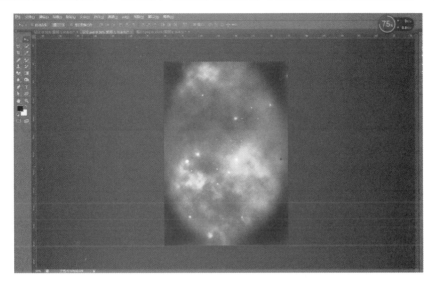

图 5-5

⑥做最顶上黑色的面，用矩形工具，编辑一个矩形，颜色为#42f9ff，大小盖住黑色部分即可，然后转成智能对象，执行【滤镜】→【杂色】→【添加杂色】，设置如图 5-6 所示。

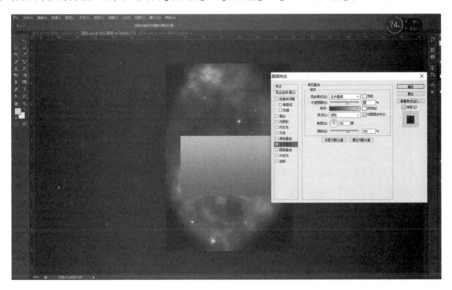

图 5-6

⑦添加图层样式，智能对象的设置如图 5-7 所示。

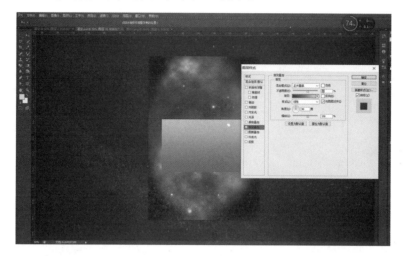

图 5-7a

#003471   #32e9ff

图 5-7b

⑧设置完渐变后，选中智能对象的图层，建立剪切蒙版，快捷键为【Ctrl + Alt + G】或者【Alt + 鼠标左键】，如图 5-8 所示。

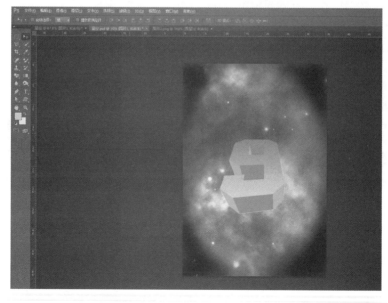

图 5-8

⑨重复上述方法做好数字 9 的每个面，注意要不断修改每个面的渐变数值，来加强立体感。效果如图 5-9 所示。

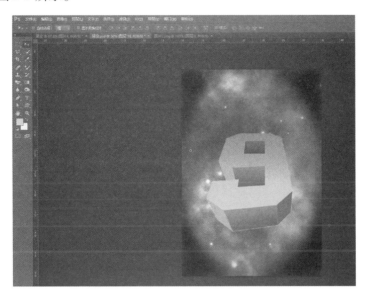

图 5-9

⑩做完每个面后，添加顶上那个面的边缘突出。把顶面复制一层，放到最顶上然后设置填充为"无"，描边为 1 个像素，描边设置如下，颜色#ffffff 至#25dae5，设置完毕复制该个图层，把描边的模式改成"纯色填充"，颜色为黑色，调整下不透明度，将该图层置于下一层，调整下节点。效果如图 5-10 所示。

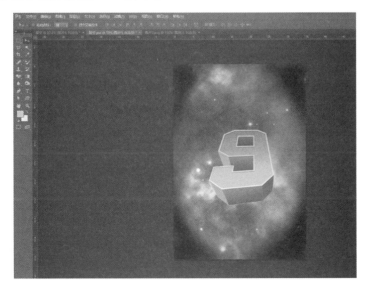

图 5-10

⑪新建一个 40px×40px 像素的文档，图层背景透明，编辑一个和画布等宽高的矩形，描边 3 像素，描边颜色#55f4ef，填充为无。全选一下，定义为图案，保存并关闭（图 5-11）。

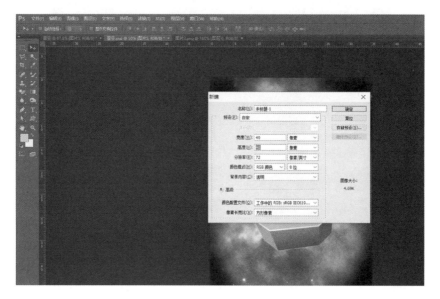

图 5-11

⑫用矩形工具编辑一个能盖住"90's"的矩形。然后把该图层的填充设置为"0"，选中自定义的图案，图层名称改为"网格"并添加图层样式，盖住之后把矩形转成智能对象，再自由变换，效果如图 5-12 所示。

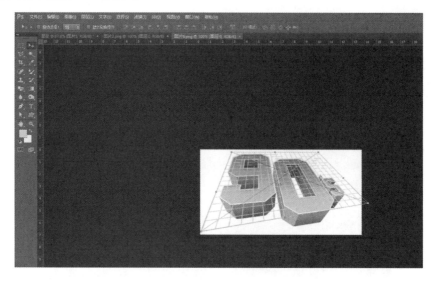

图 5-12

⑬用钢笔工具在形状模式下画勾勒出如下图所示图形（图 5-13）。

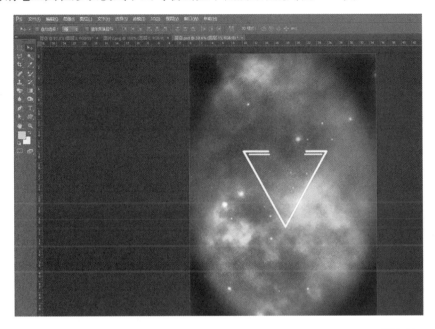

图 5-13

⑭添加图层样式，设置如图 5-14 所示。

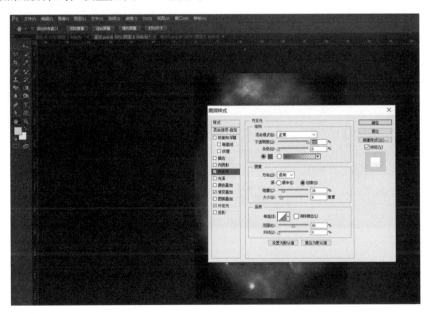

图 5-14a

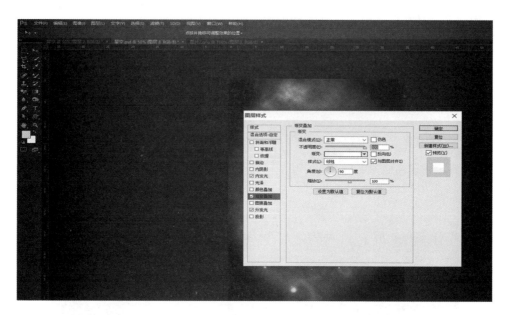

图 5-14b

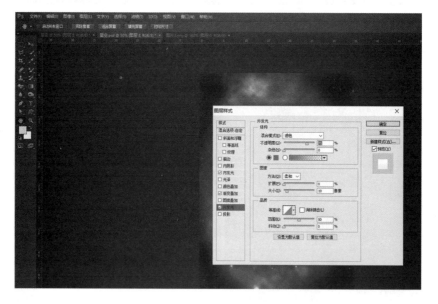

图 5-14c

⑮添加蒙版，把应该被数字盖住的地方遮盖掉。在【混合选项】中勾选【图层蒙版隐藏效果】，如图 5-15 所示。

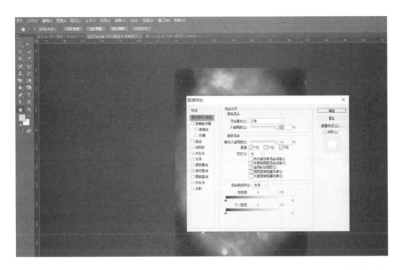

图 5-15

⑯重复上述方法处理剩余文字，如图 5-16 所示。

图 5-16

⑰用自定义形状工具，选择雨滴形状，按住【Shift】键编辑一个雨滴形状，垂直变化下，把形状的颜色改成渐变填充，渐变从浅蓝色到透明（图 5-17）。

图 5-17

⑱用钢笔工具把下面的节点拉长，做出流星尾巴的形状；复制该图层，颜色填充的渐变由【浅蓝到透明】改成【白色到透明】，然后调整大小和位置，让该图层看起来小一圈；选中上述图层，转成智能对象，命名为"流星"，添加外发光的图层样式(图 5-18)。

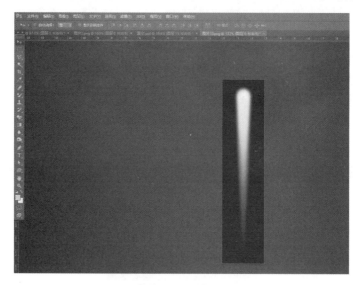

图 5-18

⑲最后添加文字和签名，效果如图 5-19 所示。

图 5-19

二、合成苹果鸡蛋图片

①按【Ctrl + N】新建文档。设置尺寸 1200px × 1200px 像素，分辨率 72 的画布（图 5-20）。

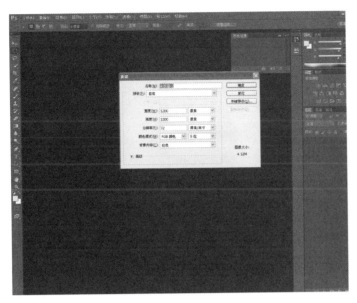

图 5-20

②前景色选粉红色#f8e4e0，按【Alt + Delete】填充。把苹果 1 拖入屏幕（图 5-21）。

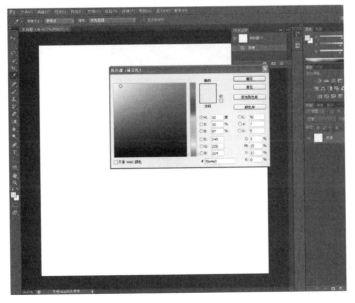

图 5-21

③按 w 调出魔棒工具，点击白色部分和苹果阴影（除了苹果外的多余部分）。给苹果 2 添加蒙版（如果出现苹果消失，按【Ctrl + Alt + Z】撤销这一步，按【Ctrl + Shift + i】反选，再添加蒙版）。如图 5-22 所示。

图 5-22

④推入苹果 1，降低图层透明度，方便观察。将苹果 1 改变大小和图片位置，将两个苹果重叠，点击确定。透明度改回 100%，如图 5-23 所示。

图 5-23

　⑤按 W 调出魔棒工具，选择白色部分添加蒙版。点击蒙版，选择 B 画笔工具，不透明度降到 10%，屏幕中右击改变画笔的大小和硬度。画笔硬度改为 0。擦除苹果 1，边缘位置。使两个苹果更加融合（图 5-24）。

图 5-24

　⑥点击图层调整层可选颜色，调整青色、洋红、黄色、黑色的数值分别为 − 37、15、10、0。后创建剪贴蒙板，按住【Ctrl】点击除背景外的三个图层，全部选中按【Ctrl + E】合并（图 5-25）。

图 5-25

⑦按【Ctrl + Shift + N】新建图层，模式选择柔光，勾选填充中性色50%灰（图5-26a）。按快捷键【D】重置背景色，b画笔工具，不透明度调为10%。对苹果进行涂抹（中间抹白色，周围黑色，按x键切换前景色，前景色决定画笔颜色）。如图5-26b所示。

图 5-26a

图 5-26b

⑧将鸡蛋拖入画布，降低透明度，调整位置和大小（图5-27a）。给鸡蛋图层添加蒙版，选择B画笔工具，调节不透明度和大小，将蛋壳部分擦除（图5-27b）。

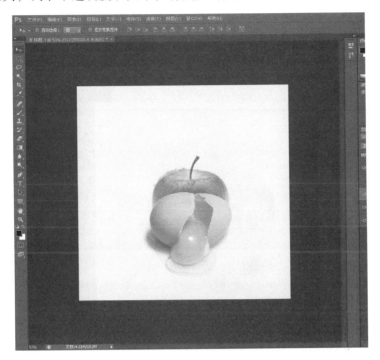

图 5-27a

图 5-27b

⑨磁性套索，沿着蛋壳内部点击，形成选区。选择路径下方的选区转化为路径。直接选择工具(A)，将路径上的每个锚点向外移动一点。按【Ctrl + Enter】路径转化为选区(图5-28)。

图 5-28

⑩仿制图章对选区内部进行涂抹，如图 5-29 所示。

图 5-29

⑪按【Ctrl + Shift + N】新建图层，在蛋壳选区内用 G 渐变工具，编辑由黑到透明的渐变，混合模式改为叠加，按【Ctrl + J】复制一层，【不透明度】改为 60%，添加图层蒙版，擦除不需要的部分（图 5-30）。

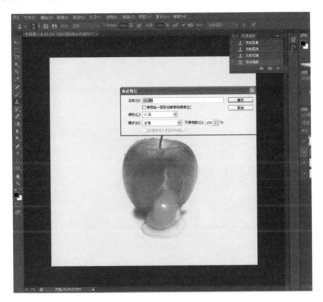

图 **5-30**a

图 **5-30**b

⑫添加图层调整层【可选颜色】，选择黄色，调整青色、洋红、黄色、黑色的数值分别为 −50、−60，100、0。如图 5-31 所示。

图 5-31

二、制作虚幻的烟雾效果

①新建或【Ctrl + N】创建文档，像素 1280px × 1024px，分辨率 72 像素/英寸，RGB 颜色，8 位，背景内容为白色（大小也可以根据需要自己设定），如图 5-32 所示。

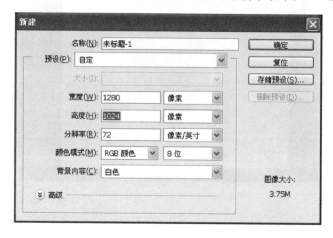

图 5-32

②选择画笔工具（B），选择硬边圆，画笔大小 21 像素（图 5-33），按住【Shift】键在画布上编辑一个形状（图 5-34）。

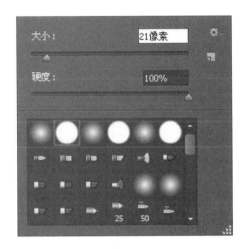

图 5-33

图 5-34

③转到【滤镜】→【液化】（图5-35a），选择扭曲工具，对形状进行变形（图5-35b），点击确定，画布中显示出变形的样式（图5-35c）。

图 5-35a

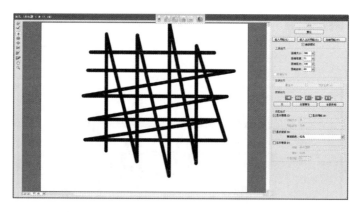

图 5-35b

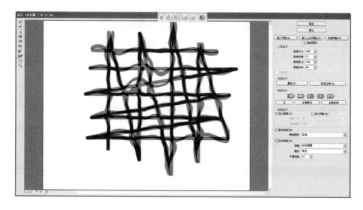

图 5-35c

④转到【编辑】→【渐隐液化】，不透明度设为 50%，这时画布上出现液化时的效果（图 5-36）。

图 5-36

⑤重复步骤③、步骤④，使形状逐渐变形，达到烟雾的效果。你可以根据自己的喜欢在液化中进行变化，取得自己满意的效果（图 5-37）。

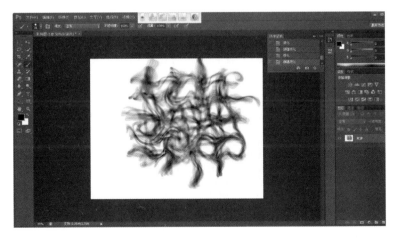

图 5-37a

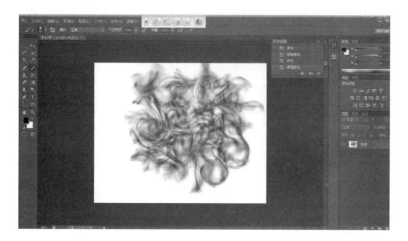

图 5-37b

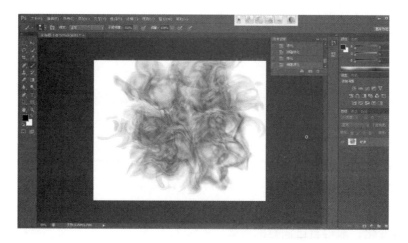

图 5-37c

⑥按快捷键【D】，使前景色为黑色，按【Alt + Delete】给背景填充为黑色（图 5-38a）。按【Ctrl】键点击图层，得到选区，按【Ctrl + Delete】填充白色，得到白色的烟雾（图 5-38b）。

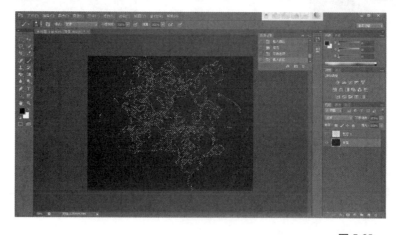

图 5-38a

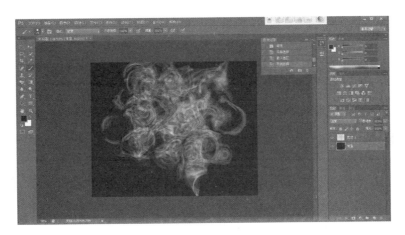

图 5-38b

最终效果，如图 5-39 所示。

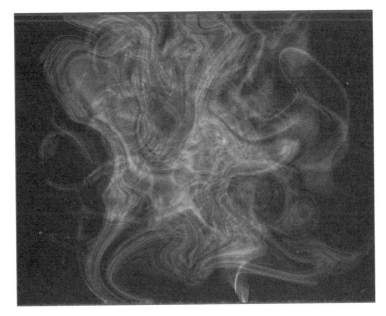

图 5-39

项目六 标志设计制作

一、林美术馆标志设计

①使用矩形工具绘画出一矩形（图 6-1）。

图 6-1

②在使用多边形工具绘画两个三角形放置矩形中（图 6-2）。

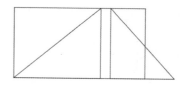

图 6-2

③断开三角形节点并复制线段（图 6-3）。

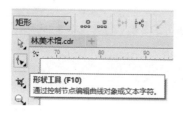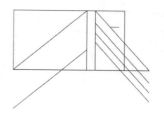

图 6-3

④加粗线段再将线条转换轮廓（图 6-4）。

图 6-4

⑤采用形状工具调整位置大小（图6-5）。

图 6-5

⑥进一步修剪（图6-6）。

图 6-6

⑦添加文字及改变颜色（图6-7）。

Lin　Art Museum
林美術館

图 6-7

二、名片的设计制作

　　名片的设计制作是平面设计中常见的一种设计应用，本节的实例中，主要讲解名片设计制作的常规步骤。学习名片的制作其实就是一种形式，关键是学习一些小的细节应怎么处理，特别是关于文字附近小细节该的处理方式。首先，我们要先创建一个新文件，这个文件要用于印刷，所以要用印刷时的尺寸单位"厘米"（图6-8）。

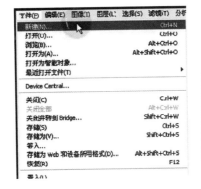

图 6-8

名片宽度 9 厘米，高度 5.5 厘米，分辨率设置成 300。在宽度和高度方面做出出血线，是为了防止在裁剪的时候出现错位的情况，背景的范围要做大一些，这样不会裁出白边，通常是在四周增加 0.3 厘米的出血线，所以设置完成的宽度是 9.6 厘米，高度是 6.1 厘米。如图 6-9 所示。

图 6-9

确定将会被裁掉的区域，需先绘制出参考线。点击【视图】→【新建参考线】，弹出的新建参考线是以像素为单位，要将标尺改为厘米，打开【视图】→【标尺】，如图 6-9 所示。

图 6-10

在文件的标尺上点右键，将其改成厘米。然后再新建参考线，设定垂直线为 0.3 厘米。再次新建垂直参考线，输入 9.3 厘米，如图 6-11 所示。

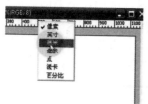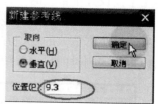

图 6-11

再新建两条水平的参考线，分别输入 0.3 和 5.8，名片的参考线已经创建完毕。因为参考线以外是要被裁掉的，所以制作的时候不要把内容太靠近参考线。如果想制作有现代气息的名片，样式和排版要做得简单明了。名片的颜色可以按照自身喜好设定，如先设定一个蓝色。点击前景色，弹出【拾色器】，选择一种颜色之后，如果出现警告标的话，说明此颜色印刷不出来，点击一下警告标，会自动匹配到相近的颜色。如图 6-13 所示。

图 6-12

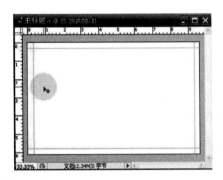

图 6-13

　　然后点击【编辑】菜单下的【填充】命令，（在弹出的【填充】窗口中，选择【前景色】，点击【确定】，即可为当前图层填充上前景色。【Alt + Delete】键是其快捷键）。接下来是制作文字。首先制作必须包括的文字内容，如姓名、电话号码、地址等。如图 6-14 所示。

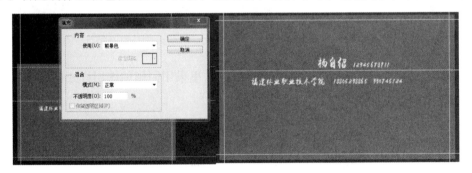

图 6-14

　　然后把文字进行排版，现代风格要求元素不能太多。为了让画面看起来更整体，可以用直线工具在名字的下面画一条横线，粗细为 1px，颜色为白色，按住【Shift】键来画。在 Photoshop 中，按着【Shift】键，意味着将鼠标锁定在水平、垂直或是 45°角的位置。画的时候因使用形状图层模式，会自动创建新的图层。设置名片上文字的字体和大小。文字大小通常不小于 6 点，否则将无法辨识(图 6-15)。

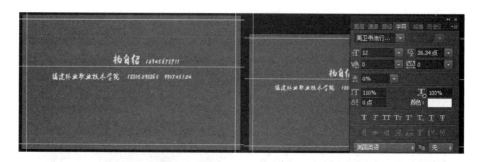

图 6-15

排版的时候根据需要和喜好进行制作。如要背景色产生一些变化，可以在"图层"面板双击背景层的缩略图，在弹出的窗口中点击【确定】，即可将背景层转换为图层。转换后，可以给该图层添加图层样式中的【内阴影】（图 6-16）。

图 6-16

如果要使文字更加明显，可以加强其边缘，这里采用阴影的图层样式（图 6-17）。最后加上标志等信息，下面是制作完成的效果（图 6-18）。

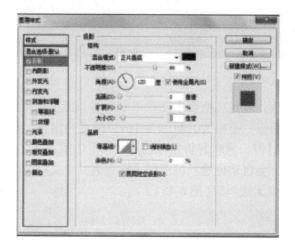

图 6-17

图 6-18

项目七　海报设计制作

一、字母肖像海报制作

现在大家都喜欢自己的照片个性化，有不一样的效果。

①新建画布，宽度 200 mm、高度 297mm、分辨率 150px/cm（图 7-1）。

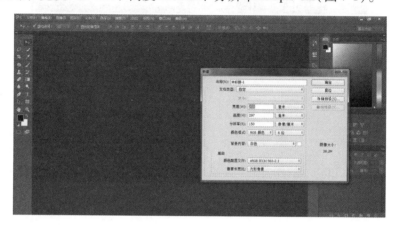

图 7-1

②将所需要处理的图片拖入，并复制（图 7-2）。

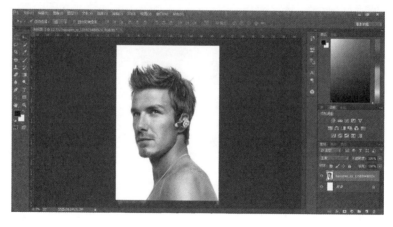

图 7-2

③按【Ctrl + M】打开曲线面板对人物进行调整，使人物暗部更暗，亮部更亮。转到图层面板把图层样式改成线性光（图7-3、图7-4）。

图7-3

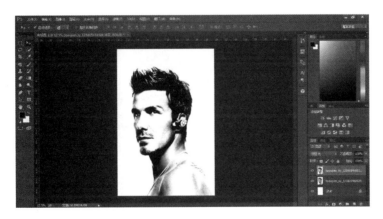

图7-4

④按快捷键【D】使前景色为黑色，背景色为白色，转到图层面板新建图层，按【Alt + Delete】填充颜色（图7-5）。

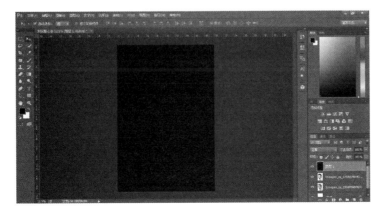

图7-5

⑤双击图层，打开图层样式，使用以下设置添加渐变叠加，渐变：反向；样式：径向；缩放：150%（图7-6）。

图7-6

⑥点击右键，栅格化图层样式（图7-7）。

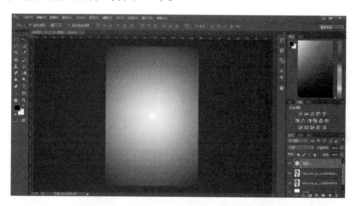

图7-7

⑦降低图层的透明度，使之能看到下面的人物，选椭圆选框工具，在人物图像上画一个选区，然后反选【Shift + Ctrl + I】，转到图层面板添加图层蒙版。把图层不透明度设为100%（图7-8）。

图7-8a

图 7-8b

⑧转到滤镜→模糊→高斯模糊，半径设为 89（图 7-9）。

图 7-9

⑨按【Crl + J】把图层 2 再复制一层（图 7-10）。

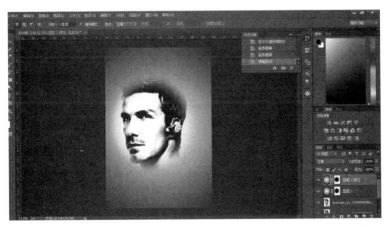

图 7-10

⑩关闭新复制的图层眼睛，在图层 2 上方新建一个图层，转到图层面板新建图层，按【Ctrl + Delete】填充颜色白色（图 7-11）。

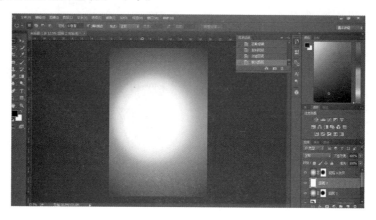

图 7-11

⑪按快捷键 Ctrl + Alt + G，进行图层遮罩，显示下方的图层图像（图 7-12）。

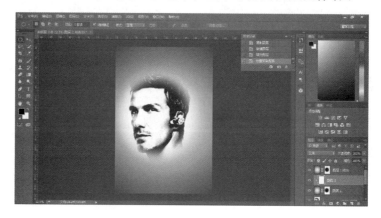

图 7-12

⑫转到图层面板，点击创建新的填充或调整图层，选择颜色查找，在属性中把图层样式改成颜色加深（图 7-13）。

图 7-13

⑬选择横排文字工具，设置字体大小、字间距、字体(字母全部大写)，复制一段英文字母粘贴到图像上(图7-14)。

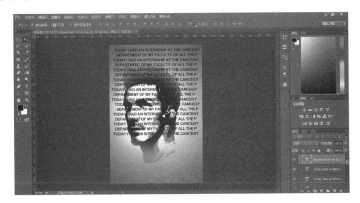

图 7-14

⑭转到图层面板把文件图层样式改成叠加，复制文字图层，把文字放满整个人物图像。效果如上(图7-15)。

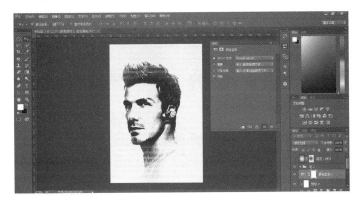

图 7-15

⑮转到图层面板，打开图层2拷贝的眼睛，图层样式改成正片叠底，不透明度38%(图7-16)。

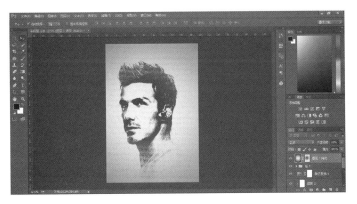

图 7-16

⑯选择横排文字工具，设置字体大小、字间距、字体（全部大写字母左对齐文本）。复制一段英文字母（图 7-17a）。在人物右侧侧画一个选区，粘贴入英文字母，转到图层面板，文字图层样式改成柔光（图 7-17b）。

图 7-17a

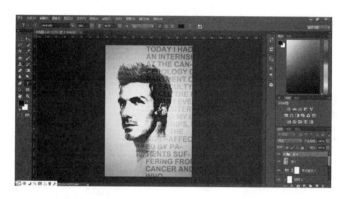

图 7-17b

⑰转到图层面板，点击创建新的填充或调整图层，选择颜色查找（图 7-18a），在属性中选 Bleach Bypass. look。把图层样式改成线性减淡（图 7-18b）。

图 7-18a

图 **7-18**b

⑱将最后的文字图层与新建的颜色查找图层组成一个组，然后选择该组点击右下方属性栏，选用黑白(图 7-19a)。最终效果如图 7-19b 所示。

图 **7-19**a

图 **7-19**b

二、制作端午节创意宣传海报

①新建文档（默认 A4 纸张）。

②按【Ctrl + J】复制一层，得到背景副本，并为其添加渐变，效果如图 7-20、图 7-21 所示。

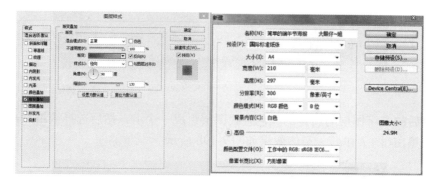

图 7-20

图 7-21

③打开祥云素材，并按【Ctrl + I】执行反向处理，设置图层的混合模式为滤色，并调整其图层的不透明度，再多复制几层，调整到合适的位置，效果如图 7-22 所示。

图 7-22

④新建组，命名为盘子，并新建空白图层，用钢笔工具勾出路径，并按【Ctrl + Enter】转换到选区，执行：【选择】→【修改】→【羽化】2 个像素，并填充白色，效果如图 7-23 所示。

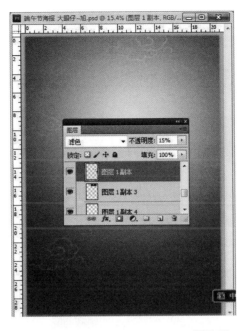

图 7-23

⑤继续新建空白图层，用钢笔工具勾出路径，并转换选区，羽化 15 像素，并填充灰色，效果如图 7-24 所示。

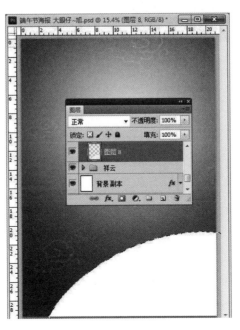

图 7-24

⑥用同样的方法，制作另一部分，效果如图 7-25 所示。

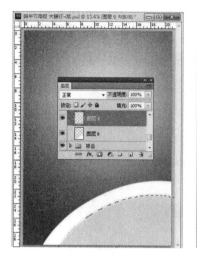 

图 7-25a　　　　　　　　　　　图 7-25b

⑦打开粽子素材（图 7-26），并放置在合适位置，为其添加阴影，效果如图 7-27 所示。

图 7-26

图 7-27

⑧打开所提取的烟雾素材(图7-28a)，按【Ctrl + T】变换及变形处理并放置在粽子的合适位置(图7-28b)，再为其添加图层蒙板，使其过渡自然，制作烟雾55文字效果(图7-28c)。

图 7-28a

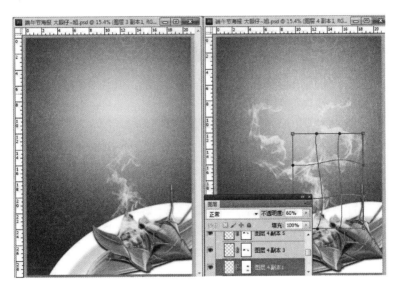

图 7-28b 　　　　　　　　　　　**图 7-28**c

⑨在处理 5 文字效果时，使用 CS5 版本中的操控变形命令，变形起来非常方便（图7-29）。

图 7-29

⑩新建空白图层，使用矩形选框工具，绘制长方形，并填充白色，为其添加图层样式（图7-30a、图7-30b），效果如图7-30c。

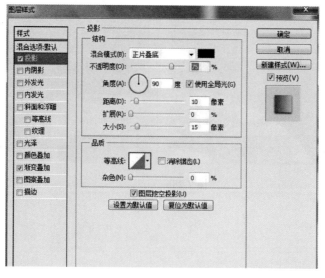

图 7-30a

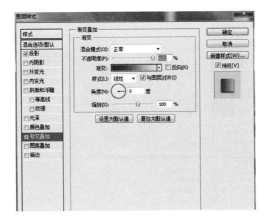

图 **7-30**b

图 **7-30**c

⑪输入文字"粽"，为其添加图层样式，参数如图 7-31a～c 所示，效果如图 7-31d
所示。

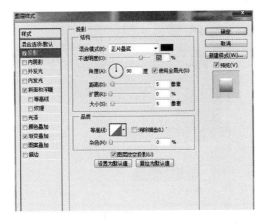

图 **7-31**a

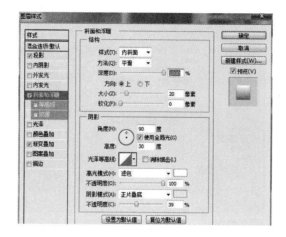

图 7-31b

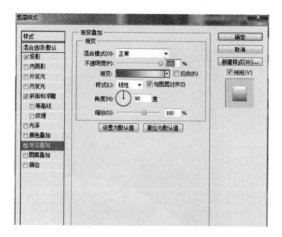

图 7-31c

图 7-31d

⑫用同样的方法制作其他文字部分，再对其进行细节处理，并创建曲线调整图层加强色彩强度完成最终效果（图7-32）。

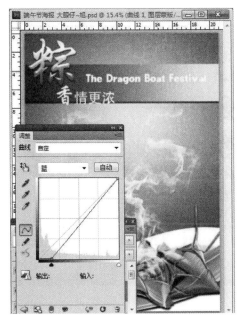

图7-32

最终效果，如图7-33所示。

图7-33

其他作品实例欣赏（图7-34）。

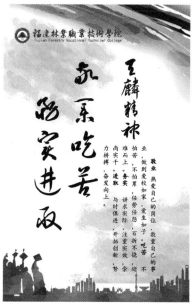

图 7-34

　　本书主要探讨使用 Photoshop 进行平面设计的各种方法，除使用 Photoshop 进行平面设计外，Photoshop 还可以用于三维效果图后期处理、网页设计、影视后期处理、动漫 CG 绘制等方面。简言之，只要是计算机的位图图像处理，基本上都离不开 Photoshop。所以，希望各位读者能将本书作为一本入门的教材，在此基础上不断深入学习，能够熟练掌握使用 Photoshop 进行平面设计的技能，让 Photoshop 成为最得力的设计工具。